Ernst Probst

Der König der Tiere in Wiesbaden

Das Steppenmammut und der Europäische Waldelefant

Widmung

Dem Naturhistorischen Museum Mainz,
dem Museum Wiesbaden,
dem Landesamt für Denkmalpflege Hessen in Wiesbaden,
dem Hessischen Landesmuseum Darmstadt,
dem Senckenberg-Museum in Frankfurt am Main
sowie dem Verschönerungs- und Verkehrsverein Biebrich
am Rhein e. V. / Heimatmuseum Biebrich
gewidmet, die mich bei meinen Büchern
unterstützt haben.

Verlag:
Ernst Probst
Im See 11, 55246 Mainz-Kostheim
Telefon: 06134/21152
E-Mail: ernst.probst (at) gmx.de
ISBN: 978-3-384-47441-4

Herstellung: Tredition GmbH, Ahrensburg

Blick auf die Mosbach-Sande bei Wiesbaden im Jahre 2008.
Foto: Landesamt für Denkmalpflege Hessen,
Abteilung Archäologie und Paläontologie,
Schloss Biebrich, Wiesbaden

Tiere aus der Gegend von Wiesbaden vor etwa 600.000 Jahren: Malteser Geier, Waldbison, Mosbach-Pferd und Mosbacher Löwe. Ausschnitt aus einem Gemälde von Fritz Wendler (1941–1995) für das Buch „Deutschland in der Urzeit" (1986) von Ernst Probst

Inhalt

Szene aus der Gegend von Wiesbaden vor etwa 600.000 Jahren: Waldnashorn, Gepard, Hundsaffe (Macaca) und Frühmenschen. Ausschnitt aus einem Gemälde von Fritz Wendler (1941–1995) für das Buch „Deutschland in der Urzeit“ (1986) von Ernst Probst

Vorwort

Riesige Rüsseltiere am Ur-Main und Ur-Rhein

Zwei riesige Rüsseltiere stehen im Mittelpunkt des Buches „Der König der Tiere in Wiesbaden". Eines davon ist das Steppenmammut *(Mammuthus trogontherii)*. Dieses erreichte eine Schulterhöhe bis zu 5 Metern, wog schätzungsweise maximal 10 Tonnen und trug mehr als 5 Meter lange Stoßzähne. Kein Wunder, dass man jenen Giganten als „König der Tiere" bezeichnet. Nicht ganz so groß war der Europäische Waldelefant *(Palaeoloxodon antiquus)* mit einer Schulterhöhe von maximal 4,20 Metern, einem Lebendgewicht zwischen 6 und 11 Tonnen sowie mit bis zu 3 Meter langen Stoßzähnen. Knochen und Zähne dieser beiden imposanten Rüsseltiere hat man in etwa 600.000 Jahre alten Flussablagerungen des Ur-Mains und Ur-Rheins geborgen. Jene Ablagerungen werden nach einem ehemaligen Dorf zwischen Wiesbaden und Biebrich als Mosbach-Sande bezeichnet. Letztere gelten als eine der bedeutendsten Fossilienfundstätten eiszeitlicher Tiere in Europa. Der Text dieses 74-seitigen Buches stammt aus dem 552 Seiten umfassenden Werk „Wiesbaden vor 600.000 Jahren" des Wiesbadener Wissenschaftsautors Ernst Probst.

Dorf Mosbach zwischen Wiesbaden und Biebrich auf einem Bild von 1815.
Bild: Verschönerungs- und Verkehrsverein Biebrich am Rhein e. V. / Heimatmuseum Biebrich

Die Mosbach-Sande

Eine Fossilienfundstelle ersten Ranges

Die Mosbach-Sande bei Wiesbaden gelten in der Paläontologie, der Lehre vom Leben in der Urzeit, als eine der berühmtesten Fundstellen in Europa mit Resten fossiler Tiere aus dem Eiszeitalter (Pleistozän). Dabei handelt es sich um Flussablagerungen des Ur-Mains, der damals weiter nördlich und westlich als heute in den Ur-Rhein mündete, und des Ur-Rheins sowie von Bächen im Taunus. Der Name Mosbach-Sande erinnert an das einst zwischen Wiesbaden und Biebrich liegende, 991 erstmals erwähnte Dorf Mosbach. Dort entdeckte man schon 1845 in etwa 10 Meter Tiefe erste Großsäuger-Reste aus dem Eiszeitalter.
Unter dem Begriff Mosbach-Sande versteht man Ablagerungen des Ur-Mains und Ur-Rheins aus dem Alt- und Mittelpleistozän im damaligen untersten Maintal und Main-Mündungsgebiet. Sie erreichen eine durchschnittliche Mächtigkeit von 14 bis 15 Metern und eine maximale Mächtigkeit bei Kriftel von 25 Metern. Die Mosbach-Sande und -Kiese liegen gegenwärtig etwa 35 bis 60 Meter höher als die heutigen Flussbette von Main und Rhein. Der Main mündet jetzt einige Kilometer weiter südlich bei Mainz-Kostheim in den Rhein. 1970 wies man durch schwermineralogische Untersuchungen nach, dass die grobbraunen Sande und Kiese ehemalige Ablagerungen des Ur-Mains und die graugrünen Mittelsande einstige Ablagerungen des Ur-Rheins sind.
Zu den ersten Funden aus den Mosbach-Sanden gehören Knochen und Zähne von Tieren aus dem Eiszeitalter, die

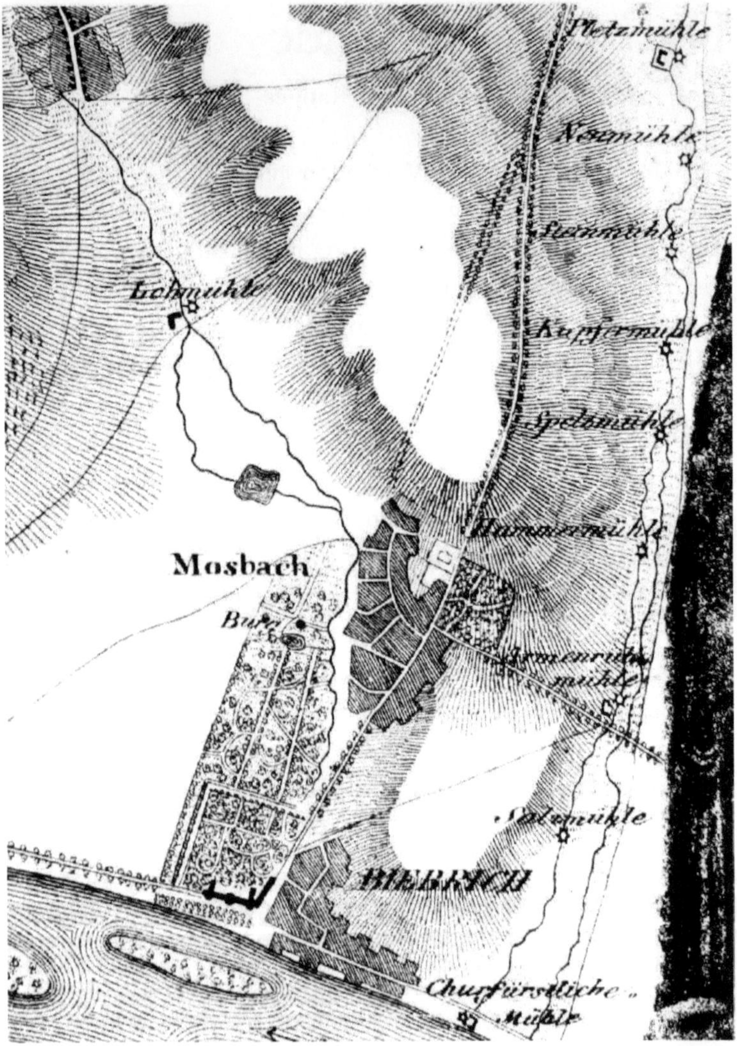

Dorf Mosbach auf einem Plan von 1819.
Bild: Verschönerungs- und Verkehrsverein Biebrich am Rhein e. V. / Heimatmuseum Biebrich

von Sandgrubenbesitzern und deren Arbeitern entdeckt wurden. Diese Fossilien stammen aus Gruben beidseits der Biebricher Allee (Bereich Adolfshöhe) und im südlichen Salzbachtal. Die Aufsammlung von Wirbeltier-Resten in den Mosbach-Sanden begann bereits in der ersten Hälfte des 19. Jahrhunderts. Der berühmte Frankfurter Wirbeltierpaläontologe Hermann von Meyer (1801–1869) berichtete schon 1841 in „Neues Jahrbuch für Mineralogie, Geognosie, Geologie und Petrefakten-Kunde“ unter der Überschrift „Hippopotamus im Mosbacher Sand bei Wiesbaden“ über einen Flusspferd-Fund.

Etliche der frühen Funde aus Mosbach gelangten ab Mitte des 19. Jahrhunderts in das Naturhistorische Museum in Wiesbaden. Als Erster sammelte August Römer (1825–1899) für Fridolin Sandberger (1826–1898), Direktor (Inspektor) des Wiesbadener Naturhistorischen Museums von 1851 bis 1855 in den beiden großen Sandgruben zur linken und rechten Seite an der von Wiesbaden nach Mosbach-Biebrich führenden Chausee systematisch Fossilien aus den Mosbach-Sanden. Römer war von 1886 bis 1899 Präparator und Konservator im Museum Wiesbaden. Die von ihm aufgebaute Mosbach-Sammlung wurde vom Museum Wiesbaden angekauft. 1895 veröffentlichte Römer ein „Verzeichniss von im Diluvialsande von Mosbach vorkommenden Wirbelthiere“.

Ab 1806 gehörte der Flecken Mosbach-Biebrich zum neugegründeten Herzogtum Nassau. Das Biebricher Schloss am Rhein war von 1806 bis zum Bau des Wiesbadener Stadtschlosses 1841 die Residenz der Herzöge von Nassau. 1840 hatte Mosbach-Biebrich etwa 3000 Einwohner. Ab 1850 waren die Dörfer Mosbach und Biebrich zusammen-

Frankfurter Wirbeltierpaläontologe
Hermann von Meyer (1801–1869).
Bild: Lithographie von C. J. Allemagne von 1837

Fridolin Sandberger (1826–1898), Direktor (Inspektor) des Wiesbadener Naturhistorischen Museums von 1851 bis 1855. Foto: Nassauischer Verein für Naturkunde

*Unternehmer Wilhelm Gustav Dyckerhoff (1805–1894),
Gründer des ersten deutschen Zementwerks
in Amöneburg bei Biebrich.
Foto: Wikimedia Commmons,
Lizenz: gemeinfrei (Public domain)*

gewachsen und haben sich danach in Richtung Osten entwickelt. Nach der Annexion des Herzogtums Nassau durch das Königreich Preußen 1866 gehörte Biebrich ab 1867 zum Landkreis Wiesbaden. Seit der Einweihung des neuen Rathauses 1876 in Biebrich sprach man von der Stadt Biebrich-Mosbach. Diesen Titel hat man 1882 amtlich anerkannt. 1891 erhielt der rund 11.000 Einwohner zählende Flecken Biebrich-Mosbach das Stadtrecht gemäß der Preußischen Städteordnung. Danach gewann Biebrich eine solche Dominanz, dass man 1893 den Begriff Mosbach aus dem Doppelnamen Biebrich-Mosbach strich und nur noch von Biebrich sprach.

1926 schied die mit 1,6 Millionen Reichsmark verschuldete Stadt Biebrich aus dem Landkreis Wiesbaden aus und wurde in die Stadt Wiesbaden eingemeindet. Am 31. Dezember 2012 war Biebrich mit 38.758 Einwohnern größter Stadtteil von Wiesbaden mit insgesamt 278.950 Einwohnern.

In Mosbach befanden sich von der Mitte des 19. Jahrhunderts bis etwa um 1905 zu beiden Seiten der Biebricher Allee – ungefähr beim heutigen Landesdenkmal – zahlreiche kleine Gruben (Sandkauten), in denen man Sande, Kiese und Kalke abgebaut hat. Aus diesen Gruben und aus dem südlichen Salzbachtal stammen die ersten Fossilfunde der Mosbach-Sande. Der dortige feine Sand diente nicht nur für Bauvorhaben, sondern wurde auch gerne von Hausfrauen zum Scheuern von Holzfußböden verwendet.

Später hat man die Abbauflächen erweitert und nach Südosten verlagert. Der Abbau verschob sich noch im 19. Jahrhundert von Mosbach in den Südosten Wiesbadens.

Am 4. Juni 1864 gründete der Unternehmer Wilhelm Gustav Dyckerhoff (1805–1894) mit seinen Söhnen Rudolf

Englischer Geologe Clement Reid (1853–1916)
Erstbeschreiber des Cromer-Forest-Bed bei Cromer in Norfolk (Ostengland).
Foto um 1910: Elliot & Fry

(1842–1917) und Gustav (1838–1923) in Amöneburg bei Biebrich die „Portland-Cementfabrik Dyckerhoff & Söhne“. 1871 erwarb die Firma Dyckerhoff den Steinbruch Biebrich (Dyckerhoff-Steinbruch). In Biebrich, Amöneburg (ab 1908 Mainz-Amöneburg) und Kastel (ab 1908 Mainz-Kastel) erfolgten der Abbau von Sand und darunter von Kalk für die Zementherstellung. An der Ostseite des Steinbruchs Mainz-Kastel eröffnete man in den 1990er Jahren den Steinbruch Ostfeld auf dem Rheingauer Feld. Dort wurde zunächst nur Sand oberhalb den nach der Wattschnecke *Hydrobia* benannten kalkigen Hydrobien-Schichten abgeräumt. Bis Ende 2005 baute man in den Steinbrüchen Kalkofen, Mainz-Kastel und Ostfeld großflächig Kalke und Sande für das erste deutsche Zementwerk großflächig ab. Dann stellte man den Kalkabbau ein und gewann im Steinbruch Ostfeld nur noch Mosbach-Sande als Rohstoff.

Beim Abbau der Mosbach-Sande kommen immer wieder Überreste von Wirbeltieren zum Vorschein, die zum größten Teil aus dem nach einem englischen Fundort bezeichneten Cromer-Komplex (etwa 800.000 bis 480.000 Jahre) stammen. Die charakteristische Cromer-Forest-Bed-Abfolge in Norfolk (Ostengland) wurde 1882 von dem englischen Geologen Clement Reid (1853–1916) beschrieben. Als Typuslokalität gilt West Runton bei der Stadt Cromer (heute: 7800 Einwohner) mit einem Alter von ca. 700.000 Jahren. 1937 erkannte der deutsch-britische Geologe und Paläontologe Frederick Everard Zeuner (1905–1963), eigentlich Friedrich Eberhard Zeuner, die Ähnlichkeit der Fauna von Mosbach 2 und Mauer bei Heidelberg mit der Tierwelt aus dem Cromer-Komplex von Ostengland (East Anglia). Dies

Deutsch-britischer Geologe und Paläontologe Frederick Everard Zeuner (1905–1963), eigentlich Friedrich Eberhard Zeuner. Foto von 1937: Privatbesitz Diana Zeuner, Schwiegertochter von Frederick Everard Zeuner, Cocking, Midhurst, England

hatte die Einstufung der Faunen von Mosbach 2 und Mauer in den Cromer-Komplex zur Folge. Der in Berlin geborene Zeuner emigrierte im Mai 1934 mit seiner jüdischen Ehefrau Henrietta und seinem kleinen Sohn Wolfgang nach England. Zunächst arbeitete er am Britischen Museum in London und von 1936 bis zu seinem Tod am Institute of Archaeology der University of London. 1946 wurde er Professor. 1951 rühmte Otto Heinrich Schindewolf (1896–1971), Direktor des Paläontologischen Institutes der Universität Tübingen seinen deutsch-britischen Kollegen: „Zeuner darf wohl bedenkenlos als der ideen- und auch erfolgreichste der gegenwärtig lebenden Geologen-Paläontologen Deutschlands bzw. deutscher Abkunft gelten".
Das Klima im Cromer-Komplex war nicht einheitlich. Einerseits gab es sehr milde, andererseits aber auch kühle Abschnitte. Es fand ein ständiger Wechsel von warm zu kalt und von kalt zu warm sowie umgekehrt statt. In Mitteleuropa wird der Cromer-Komplex in 4 Warmzeiten und 4 Kaltzeiten gegliedert.
In der Literatur werden 3 Gliederungsmodelle der Mosbach-Sande erwähnt. Das 1. Modell von 1978 stammt von dem Mainzer Paläontologen Herbert Brüning (1911–1983) und das 2. Modell von 2007 von dem Wiesbadener Paläontologen und Geologen Thomas Keller. Das 3. lithostratigraphische Modell basiert auf dem Wiesbadener Geologen Christian Hoselmann (2018).
Zur Gliederung von Brüning (1978) gehören – von unten nach oben – das Grobe Mosbach (Mosbach I), Mosbach II, das Graue Mosbach (Mosbach III) und das Rostrote Mosbach (Mosbach IV). Laut dem Geologen Christian Hoselmann sind Mosbach I und Mosbach II dem Altpleistozän

Mainzer Paläontologe,
Professor Dr. Herbert Brüning (1911–1983),
Direktor des Naturhistorischen Museums Mainz
von 1963 bis 1983.
Foto: Naturhistorisches Museum Mainz /
Landessammlung für Naturkunde Rheinland-Pfalz

zuzurechnen und älter als 773.000 Jahre. Mosbach III gehört zum Mittelpleistozän und ist jünger als 773.000 Jahre. Die Gliederung von Keller (2007) umfasst das Grobe Mosbach (Sequenz I, Sequenz II) sowie das Graue Mosbach (Sequenz 1, Sequenz 2, Sequenz 3, Sequenz 4).
Die Gliederung der Mosbach-Sande-Formation von Hoselmann (2007, 2018) gilt nur für das Rheingauer Feld. Zuunterst befindet sich die Mosbach-Hauptterrassen-Subformation (entspricht Mosbach I und Mosbach II von Brüning). Es folgt die Haupt-Mosbach-Subformation (entspricht dem Grauen Mosbach (Mosbach III von Brüning). Zuoberst legt die Mosbach-Mittelterrassen-Subformation (entspricht dem Rostroten Mosbach (Mosbach IV) von Brüning).
Nur die früheste Cromer-Warmzeit I (Cromer-Interglazial I/ Osterholz-Warmzeit) wird dem Unterpleistozän zugerechnet und ist somit älter als 773.000 Jahre. In diese Zeit fällt die fossilarme warmtemperierte Mosbach 1-Fauna vor etwa 1 Million Jahren, die ähnlich alt wie die Fossilien aus dem Leichenfeld im Flussbett der Ur-Werra bei Untermaßfeld nahe Meiningen in Thüringen ist. In fluviatilen Hochflutablagerungen des Groben Mosbachs bei Wiesbaden wurde 1974 durch den Prager Geophysiker Alois Kocí der paläomagnetische Jaramillo-Event gemessen. Hierüber berichtete 1978 der Kölner Geologe Wolfgang Boenigk im „Mainzer Naturwissenschaftlichen Archiv". Das Jaramillo-Event war eine kurze Zeit mit normaler Polarität des Erdmagnetfeldes von 1,071 Millionen bis vor 990.000 Jahren.
Den größten Teil des Cromer-Komplexes rechnet man dem Mittelpleistozän vor etwa 773.000 bis 125.000 Jahren zu. Dazu zählen die Cromer-Warmzeiten II, III, IV und die dazwischen liegenden Kaltzeiten.

Die Gliederung des Eiszeitalters ist immer mehr verfeinert worden. Eine erste Einteilung durch Albrecht Penck (1858–1945) von 1909 enthielt 4 Kaltzeiten und 3 Warmzeiten. 1993 waren laut dem amerikanischen Ökologen, Physiker und Botaniker David Murray Gates (1921–2016) 10 größere und 40 kleinere Kaltzeiten bekannt, 1995 laut dem Klimaforscher Christian-Dietrich Schönwiese bis zu 23 Warmzeiten und Kaltzeiten. 2000 teilte der Geograph Jürgen Herget mit, in den letzten 2,6 Millionen Jahren hätte es 51 Warmzeiten und 52 Kaltzeiten gegeben. Die Übergänge von einer Kaltzeit zu einer Warmzeit und von einer Warmzeit zu einer Kaltzeit sollen rasch und intensiv erfolgt sein. Auf der Internetseite geographic-diplom.de heißt es, in Warmzeiten des Cromer-Komplexes hätten die mittleren Julitemperaturen bei ungefähr 20 Grad Celsius gelegen und in Kaltzeiten bei 10 bis 13 Grad. Der Beginn des Eiszeitalters ist umstritten. Mal ist von 3 Millionen, mal von 2,7 Millionen, mal von 2,6 Millionen, mal von 2,3 Millionen, mal von 1,8 Millionen Jahren die Rede.
Geologische Zeugen für ein kaltes Klima sind zum Beispiel Driftblöcke in den Mosbach-Sanden. Darunter versteht man zentner- oder sogar tonnenschwere Gesteinsblöcke aus ortsfremden Sandsteinen des Buntsandsteins oder Kalksteinen des Muschelkalks, die nicht mit Flusskraft allein transportiert werden konnten. Sie mussten in mündungsfernen Abschnitten des kaltzeitlichen Ur-Mains in Eisschollen eingefroren, flussabwärts transportiert worden sein, bis das Eis im Unterlauf des Ur-Mains schmolz und der Block auf den Grund fiel. Im Cromer I (Mosbach 1) beobachtete man 1976 Driftblöcke aus Spessartgranit mit einem Durchmesser von 1,10 Meter.

Zwischen Cromer II und Cromer III herrschte – laut dem niederländischen Geologen Waldo H. Zagwijn (1928–2018) eine längere Kaltphase. In diesem Abschnitt fiel die mittlere Sommertemperatur schätzungsweise unter plus 5 Grad Celsius. Die Jahresmitteltemperatur lag unter dem Gefrierpunkt. Und die Mitteltemperatur des kältesten Monats betrug bei bzw. unter minus 8 Grad Celsius. Dies spricht für eine Tundra bzw. Kaltsteppe und einen Dauerfrostboden. Ehemaliger Dauerfrostboden ließ sich in den Mosbach-Sanden durch in 4 bis 5 Meter Tiefe reichende Eiskeilpseudomorphosene nachweisen. Das sind nach unten spitz zulaufende, keilförmige Spalten, die jetzt nicht mehr mit Eis, sondern mit Löss oder Lehm gefüllt sind.
Vor etwa 773.000 Jahren ist im Cromer-Komplex eine Umpolung des Erdmagnetfeldes nachweisbar. Sie wird nach den Geophysikern Motonori Matuyama (1884–1958) und Bernhard Brunhes (1867–1910) als Matuyama-Brunhes-Grenze bezeichnet. In der Matuyama-Epoche von etwa 2,595 Millionen bis 773.000 Jahren war die Magnetisierung entgegengesetzt wie heute (invers polarisiert). Ab der vor rund 773.000 Jahren begonnenen und noch andauernden Brunhes-Epoche ist die Magnetisierung wie in der Gegenwart (normal polarisiert).
In den Mosbach-Sanden hat man 3 Säugetierfaunen (auch Fundkomplexe genannt) festgestellt: Mosbach 1, Mosbach 2 und Mosbach 3.
Laut einer 1987 von den Paläontologen Wighart von Koenigswald und Heinz Tobien (1911–1993) veröffentlichten Artenliste für die Mosbach-Sande hat man unter anderem folgende Arten in der Säugetierfauna Mosbach 1 gefunden: Bisamrüssler *Desmana moschata mosbachensis*, Großbiber

*Mainzer Paläontologe Professor Dr. Heinz Tobien (1911–1993).
Foto: Naturhistorisches Museum Mainz /
Landessammlung für Naturkunde Rheinland-Pfalz*

Trogontherium cuvieri, Mosbacher Bär *Ursus deningeri*, Hyäne *Hyaena* sp., Südmammut *Mammuthus meridionalis*, Steppenmammut *Mammuthus trogontherii*, Wildpferd *Equus* sp., Flusspferd *Hippopotamus amphibius antiquus*, Wildschwein *Sus scrofa*, Breitstirnelch *Praemegaceros verticornis*, Hirsche *Cervus acoronatus* und *Cervus elaphoides*, Elch *Cervalces latifrons* und Reh *Capreolus* sp.

Zur Säugetierfauna Mosbach 2 (Mosbachium) gehören 65 Arten, die man hier nicht alle mit Gattungs- und Artnamen aufzählen kann. Unter anderem sind dies: Europäischer Jaguar, Mosbacher Löwe, Leopard, Säbelzahnkatze, Gepard, Hyäne, Luchs, Wolf, Fuchs, Mosbacher Bär, Marder, Maulwurf, Hase, Biber, Maus, Hirsch, Bison, Wildschwein, Nashorn, Europäischer Waldelefant, Steppenmammut, Wildpferd, Flusspferd, Moschusochse und Hundsaffe. Unter den nachgewiesenen Vogel-Arten sind Geier, Singschwan, Stockente und Spießente.

Zur Säugetierfauna Mosbach 3 zählen unter anderem: Rotzahnspitzmaus (*Sorex* sp.), Bisamrüssler (*Desmana moschata mosbachensis*), Maulwurf (*Talpa minor*, *Talpa europaea*), Vielfraß (*Gulo gulo*), Steppenmammut (*Mammuthus trogontherii*, primigenoid), Hirsch (*Cervus* sp.), Reh (*Capreolus* sp.) und Rentier (*Capreolus arcticus stadelmanni*).

Zwischen den Fundkomplexen Mosbach 1 und Mosbach 2 fehlen – laut den Paläontologen Wighart von Koenigswald und Heinz Tobien – Flussablagerungen aus einer Zeitspanne von mehr als 200.000 Jahren. Entweder wurden Sande und Kiese nie abgelagert, weil der Fluss sich verlagert hat. Oder die Flussablagerungen wurden wieder ausgeräumt. Eine kontinuierliche Ablagerung ist selten, erst recht in Flussgebieten. Flüsse wechseln ihren Lauf. Das

kann kleinräumig sein und braucht keine große Veränderung in der Landschaft zu bedeuten.
Die fossilreiche Mosbach 2-Fauna aus dem Mittelpleistozän und die ähnlich alten Sande von Mauer bei Heidelberg gehören entweder in die ältere Cromer-Warmzeit III (auch älteres Cromer-Interglazial III genannt) oder in die jüngere Cromer-Warmzeit IV (Cromer-Interglazial IV).
Die Ablagerungen der mittleren Stufe der Mosbach-Sande sind bis zu 12,50 Meter mächtig. Sie bestehen vor allem aus kalkreichen, hellgrauen Sanden, die von 3 bis 4 maximal 0,50 Meter starken Kiesbändern durchzogen werden. Die unteren 6 Meter der Sande enthalten zahlreiche Säugetierfossilien.
In der Literatur heißt es oft, in der etwa 600.000 Jahre alten Hauptfundschicht (Graues Mosbach, Fundkomplex Mosbach 2) lägen die Reste zweier Lebensgemeinschaften vor, die einer ausgehenden Warmzeit und einer heraufziehenden Kaltzeit innerhalb des Cromer-Komplexes entsprächen. Während der Warmzeit sollen der Europäische Waldelefant, das Alt-Flusspferd, das Wildschwein, der Gepard und der Europäische Jaguar existiert haben. Im klimatisch kontinental geprägten Zeitabschnitt sollen das Steppenmammut, der Steppenbison, der Steppenhirsch und das Reh existiert haben. In der Kaltzeit dagegen sollen das riesige Steppenmammut, der Steppenbison, der Vielfraß und das Rentier vorgekommen sein.
Nach Forschungen des Wiesbadener Paläontologen und Geologen Thomas Keller, die er von 1991 bis 2012 in den Mosbach-Sanden unternahm, gibt es keine Hauptfundschicht. Denn fast alle Schichten enthalten nach seinen Beobachtungen Fossilien. Außerdem vermutet er eher einen

Wechsel von einer ausgehenden Kaltzeit zu einer beginnenden Warmzeit.
2005 berichteten Volker Wilde (Frankfurt/Main), Thomas M. Kaiser (damals Greifswald) und Thomas Keller (Wiesbaden) im „Geologischen Jahrbuch Hessen" über erste Funde von Blättern aus dem Fundkomplex Mosbach 2 der Mosbach-Sande. Zwei Reste ähneln Blättern heutiger Pappel- bzw. Espen-Arten, zwei andere gehören vermutlich zu einer Ulme. Heutige Pappeln, Espen und Ulmen gedeihen vorwiegend in gemäßigten Breiten der Nordhalbkugel.
Einige der in den Mosbach-Sanden nachgewiesenen Warmphasen wurden von dem Mainzer Paläontologen Herbert Brüning mit Lokalnamen belegt. Nämlich Biebrich-Warmzeit (innerhalb von Mosbach 2), Heßler-Warmzeit (innerhalb von Mosbach 3) und Hambusch-Warmzeit (innerhalb von Mosbach 3).
Die Mosbach 3-Fauna ist merklich jünger als die Mosbach 2-Fauna. Zu ihr gehören kältevertragende Tierarten wie der Vielfraß *(Gulo gulo)* und das Rentier *(Rangifer arctus stadelmanni)*.
Der Lauf des Ur-Rheins und Ur-Mains hat sich vom Obermiozän vor etwa 10 Millionen Jahren bis zur Ablagerung der Mosbach-Sande im Eiszeitalter vor ungefähr 890.000 bis 480.000 Jahren stark verändert. Vor rund 10 Millionen Jahren strömte der Ur-Rhein ab dem Raum Worms quer durch Rheinhessen über Eppelsheim, Beimersheim, den Wißberg bei Sprendlingen (Rheinland-Pfalz) auf die Binger Pforte zu. Die Gegend von Oppenheim, Nierstein, Nackenheim, Mainz und Wiesbaden hat dieser Ur-Rhein nicht berührt. Im Obermiozän vor ca. 8 bis 5 Millionen Jahren sank der nördliche Oberrheingraben tief ab. Da-

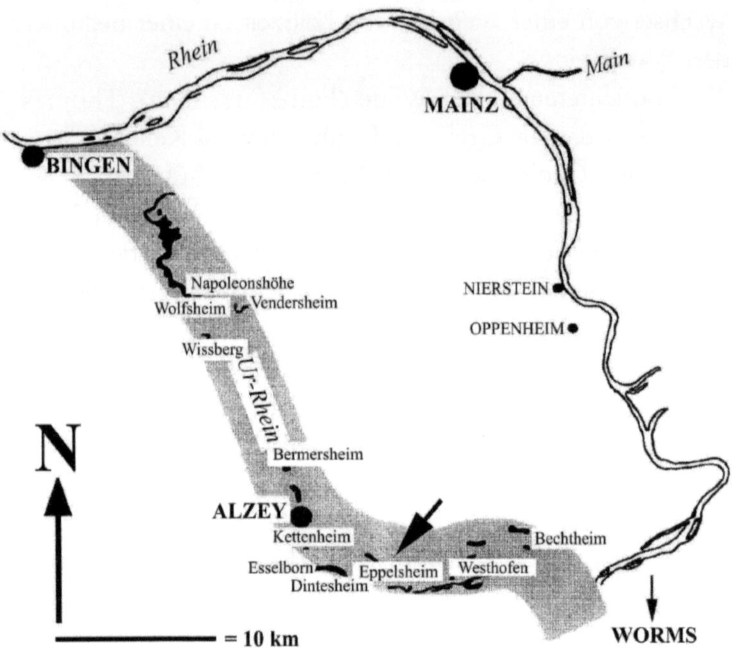

Dinotheriensand-Fundorte und Rekonstruktion des Verlaufes des Ur-Rheins vor etwa 10 Millionen Jahren in Rheinhessen. Zeichnung von Christine Hemm-Herkner nach einer Vorlage des Paläontologen Jens Lorenz Franzen (1937–2018) (zum Teil nach Heinz Tobien (1911–1993) von 1980 und Joachim Bartz (1910–1998) von 1936). Die Ablagerungen des Ur-Rheins werden als Dinotheriensande bezeichnet, weil sie häufig Zähne und Knochen des riesigen Rüsseltieres Deinotherium giganteum enthalten. In der Literatur findet man auch die Schreibweise Dinotherium.

durch verlagerte sich der Rhein – dem tiefsten Niveau folgend – in östliche Richtung.
Ursprünglich floss der im Fichtelgebirge entspringende Ur-Main nach Südwesten in Richtung Rhonetal. Irgendwann im frühen Eiszeitalter vor etwa 1,5 Millionen bis 800.000 Jahren erfolgte die erste Verbindung von Ur-Main und Ur-Rhein in der Gegend von Mainz. Der Ur-Main (auch Bamberger Main genannt) verband sich mit dem westwärts strömenden Aschaffenburger Main und erhielt so Anschluss an den Ur-Rhein.
Der Ur-Main erreichte den Ur-Rhein weiter nördlich und westlich als heute. Seine Fließgeschwindigkeit war im Vergleich zum Ur-Rhein merklich geringer. Häufig ereignete sich ein Rückstau des Ur-Main-Wassers. Nach der weiten Verbreitung der Mosbach-Sande zu schließen, dürfte der Mündungsbereich des mäandrierenden Ur-Mains vor dem Ur-Rhein ungefähr bis zu 20 Kilometer breit gewesen sein. Ein derart breites Flusstal ist heute im Zeitalter der Zähmung der Flüsse durch Begradigung, Eindämmung und Abtreppung durch Schleusen kaum vorstellbar, schrieb 1994 der Wiesbadener Paläontologe und Geologe Thomas Keller in seiner Publikation „Die eiszeitlichen Mosbach-Sande bei Wiesbaden“.
Durch Senkung des Oberrheingrabens und des Untermaingebietes erfolgten verstärkt Ablagerungen. Bei einer anschließenden Hebung entstanden noch heute sichtbare Terrassen. Dies waren ideale Voraussetzungen für eine imposante Fossilienfalle im Mündungsbereich des Ur-Mains. Die in den Ur-Main geratenen fragmentierten Tierkadaver blieben im Schwemmfächer liegen. An den meisten Knochen sind geringe Abrollspuren erkennbar. Das

deutet darauf hin, dass Tiere in unmittelbarer Nähe ums Leben kamen. Verbiss- und Verwitterungsspuren stammen von dort lebenden Raubtieren und Aasfressern.
In den wärmeren Abschnitten des Cromer-Komplexes behaupteten sich Eichenmischwälder mit Eiben und Erlen. Merklich spärlicher gab es Hasel und Hainbuche. Während der kühlen Phasen dehnten sich Nadelmischwälder aus, in denen Kiefern überwogen. Birken wuchsen zu Beginn und gegen Ende des Cromer-Komplexes häufig.
In Deutschland lebten im Cromer-Komplex bei zeitweise warmem, mitunter aber auch kühlem Klima zwar keine Mastodonten (Rüsseltiere mit 3 Backenzähnen in jeder Kieferhälfte) und Tapire mehr, jedoch weiterhin wärmeorientierte Europäische Waldelefanten *(Palaeoloxodon antiquus)* und das Alt-Flusspferd *(Hippopotamus antiquus)*. Neu waren in Deutschland die Steppenhirsche *(Praemegaceros verticornis)*, deren breitschaufeliges Geweih dem von Damhirschen ähnelt, sowie der Mosbacher Bär *(Ursus deningeri)* als Vorfahre des Höhlenbären *(Ursus spelaeus)* aus dem Jungpleistozän.
Zu den bekanntesten Fundorten mit fossilen Faunen aus dem Cromer-Komplex in Deutschland zählen die Mosbach-Sande bei Wiesbaden, die aber auch ältere und jüngere Ablagerungen aus dem Eiszeitalter enthalten, die Mauerer Sande von Mauer bei Heidelberg und das Mittelmain-Cromer mit den Fundstellen Marktheidenfeld, Karlstadt, Erlabrunn, Würzburg-Schalksberg, Randersacker, Volkach und Goßmannsdorf, Voigtstedt im Harzvorland und Weimar-Süßenborn. Umstritten ist die Zuordnung der Faunenreste aus den Tonen von Jockgrim in der Pfalz zum Cromer.-Komplex

Ab ungefähr 1850 wurden in den Mosbach-Sanden entdeckte Tierreste aus dem Eiszeitalter im am 31. August 1829 eröffneten Naturhistorischen Museum in Wiesbaden abgeliefert. Unter den Funden aus den Flusssanden des Ur-Mains und Ur-Rheins waren keine zusammenhängenden Skelette, sondern ausschließlich einzelne Knochen und Zähne. Deswegen kann man diese Relikte oft nicht optisch wirkungsvoll in einem Museum ausstellen.
Im Laufe der Zeit wuchs die Sammlung mit Mosbach-Fossilien des Naturhistorischen Museums in Wiesbaden auf etwa 1090 Exemplare an. Diese Fossilien stammen von mindestens 53 Säugetier-Arten. Am häufigsten sind Fossilien vom Breitstirnelch, Steppenwisent, Mosbach-Pferd, Steppenmammut, kronenlosen Rothirsch, Europäischen Waldelefanten, Mosbacher Bär, Etruskischen Nashorn, Großbiber und Süßenborner Reh. Dank der Initiative des Kurators Fritz Geller-Grimm wurden von Carles Schouwenburg alle Stücke per elektronischer Datenverarbeitung erfasst und zudem digital fotografiert. Diese Dokumentation ermöglicht es Wissenschaftlern/innen, leicht auf das Material zurückzugreifen und Interessenten/innen die Datenbank und die Digitalfotografien zu erwerben. Inzwischen ist der Paläontologe Dr. Eric Otto Walliser für die Paläontologie und speziell für die Mosbach-Sammlung verantwortlich.
81 Jahre später als das Naturhistorische Museum in Wiesbaden hat man 1910 das Naturhistorische Museum Mainz eröffnet. Dieser „Tempel der Wissenschaft“ besitzt mit mehr als 25.000 Funden aus den Mosbach-Sanden bei Wiesbaden die größte Sammlung von Tieren aus dem Eiszeitalter des Rhein-Main-Gebietes. Die dort aufbewahrten

*Mainzer Naturforscher Wilhelm von Reichenau (1847–1925).
Foto vor 1877: Darwin Correspondence Project,
Emil Rade (1832–1931) (via Wikimedia Commons),
Lizenz: gemeinfrei (Public domain)*

Fossilien stammen von 65 Säugetier-Arten, 4 Vogel-Arten sowie 152 Schnecken- und Muschel-Arten.
Ein Glücksfall für das Naturhistorische Museum Mainz war dessen erster Direktor Wilhelm von Reichenau (1847–1925). Er begann bereits um 1900 seine Sammlungstätigkeit für das spätere Naturhistorische Museum Mainz, machte sich um die Erforschung der Mosbach-Sande verdient und und beschrieb als Erster drei große Säugetier-Arten aus Mosbach: das Mosbacher Pferd, den Mosbacher Bären und den Mosbacher Löwen. 1910 bedauerte er, die einst berühmten, aber niemals mit der ihnen gebührenden Sorgfalt ausgebeuteten Sandgruben an der Biebricher Chaussee existierten nicht mehr.
Nachfolger von Wilhelm von Reichenau als Direktor des Naturhistorischen Museums Mainz war der Paläontologe Otto Schmidtgen (1879–1938). Er leitete von 1914 bis 1938 dieses Museum und machte sich ebenfalls um die Erforschung der Mosbach-Sande bei Wiesbaden verdient. Als Erster beschrieb er den Bisamrüssler *Desmana moschata mosbachensis* und die Schermaus *Arvicola mosbachensis*. 1913 entdeckte er den ersten fossilen Rest eines Europäischen Jaguars *Panthera gombaszoegensis* in den Mosbach-Sanden. Andere Paläontologen ehrten Schmidtgen bei der Namensgebung der Wühlmaus *Pitymys schmidtgeni* und des Moschusochsen *Praeovibos schmidtgeni*.
Herbert Brüning, der damalige Direktor des Naturhistorischen Museums Mainz, stellte 1980 auf Basis von seinerzeit rund 15.000 Fossilien aus den Mosbach-Sanden im Mainzer Museum eine Statistik über die Fundhäufigkeit der unterschiedlichen Säugetier-Familien auf. 29,6 Prozent stammten von Geweihträgern (Cervidae), 16,4 von Wild-

pferden (Equidae), 16,2 von Hornträgern (Bovidae), 0,7 Prozent von Wildschweinen (Suidae), 7,5 von Nashörnern (Rhinocerotidae), 7,4 von Elefanten (Elephantidae), 4,1 von Bären (Ursidae), 3,3 von Bibern (Castoridae), 1,2 von Flusspferden (Hippopotamidae), 0,5 von Katzen (Felidae), 0,3 von Wildhunden (Canidae), 0,2 von Hyänen (Hyaenidae) und 12,6 Prozent von Sonstigen.

Eine solche Statistik wurde auch für die Mosbach-Fossilien im Naturhistorischen Museum in Wiesbaden erarbeitet. Dort stammen 20,5 Prozent von Geweihträgern, 15,6 von Wildpferden, 12,7 von Hornträgern, 0,4 von Wildschweinen, 9,2 von Nashörnern, 21,6 von Elefanten, 5,7 von Bären, 2,3 von Bibern, 0,8 von Flusspferden, 0,6 von Katzen, 0,4 von Wildhunden, 0,3 von Hyänen, 9,9 von Sonstigen.

Maßgeblich für die wissenschaftliche Bearbeitung der Mosbach-Sande waren kontinuierliche und über längere Zeit hinweg stattfindende Profildokumentationen sowie systematische Fossil-Aufsammlungen. Hierbei machten sich der Mainzer Museumsdirektor, Professor Dr. Herbert Brüning, und Dr. Thomas Keller, der Leiter der Paläontologischen Denkmalpflege / Landesamt für Denkmalpflege Hessen in Wiesbaden, verdient.

Herbert Brüning baute nach dem Zweiten Weltkrieg (1939–1945) in seinem Geburtsort Magdeburg unter schwierigen Bedingungen 3 Museen wieder auf: Kunstmuseum, Naturmuseum und Heimatmuseum. Trotz Erfolgen als Wissenschaftler und Museumsleiter verließ er 1956 nach sachlichen Auseinandersetzungen und persönlichem Druck seine Heimatstadt Magdeburg. Danach war er mit Forschungsaufträgen und Gutachten für verschiedene Institutionen beschäftigt. Einer rein akademischen Laufbahn am Geogra-

phischen Institut in Göttingen zog er 1963 die Berufung nach Mainz als Direktor des Naturhistorischen Museums vor. Brüning verschaffte dem im Zweiten Weltkrieg zerstörten Museum mit wenig gerettetem Sammlungsgut wieder wissenschaftliche Bedeutung und Anerkennung und machte sich um die Erforschung der Mosbach-Sande verdient.
Der Frankfurter Wirbeltierpaläontologe Hermann von Meyer verwendete bereits 1841 in „Neues Jahrbuch für Geognosie, Geologie und Petrefakten-Kunde" die Formulierung „Mosbacher Sand bei Wiesbaden". 1885 formulierte der Frankfurter Lehrer und Naturforscher Oscar Boettger (1844–1910) im „Nachrichtenblatt der Deutschen Malakozoologischen Gesellschaft" die Überschrift „Ostdeutsche Arten im Mosbacher Sande". Ob jemand früher „Mosbacher Sande" oder „Mosbach-Sande" schrieb, ist mir nicht bekannt. Laut einer Empfehlung der „Deutschen Stratigraphischen Kommission" von 1977 spricht man heute von Mosbach-Sande statt von Mosbacher Sanden.
Heute umfassen die Mosbach-Sande ein großes Fundgebiet in Mainz-Kastel, das bis 1945 zu Mainz gehörte und danach Wiesbaden zugeordnet wurde, am Heßlerhof, in Biebrich Ost, im Dyckerhoff-Steinbruch sowie im Salzbachtal.
Zum Fundgut aus den Mosbach-Sanden gehören unter anderem Reste vom herdenweise vorkommenden Mosbach-Pferd *(Equus mosbachensis)*, Steppen- bzw. Alt-Riesenhirsch *(Praemegaceros verticornis)*, Breitstirnelch *(Cervalces latifrons)*, Waldwisent *(Bison schoetensacki)* und Mosbacher Bären bzw. Deninger-Bären *(Ursus deningeri)*.
Als eine der größten Raritäten aus den Mosbach-Sanden gilt der Fund eines Oberkiefer-Fragments eines Makaken *(Macaca* sp.*)*. Dieses wissenschaftlich wertvolle Fossil wird im

1907 entdeckter Unterkiefer des Heidelberg-Menschen (Homo heidelbergenis) von Mauer bei Heidelberg. Foto: Gerbil / CC BY 3.0 (via Wikimedia Commons), lizensiert unter Creative Commons-Lizenz by-3.0, https://creativecommons.org/licenses/by/3.0/legalcode

Frankfurter Senckenberg-Museum aufbewahrt. Die Abkürzung sp. oder spec. für das lateinische Wort species wird als Zusatz nach dem Gattungsnamen für eine nicht näher bezeichnete Spezies (Art) verwendet. Der *Macaca*-Fund belegt, dass vor ungefähr 600.000 Jahren im Rhein-Main-Gebiet noch Affen lebten.
Einige der in den Mosbach-Sanden nachgewiesenen Tierarten bekamen einen populären Namen oder einen wissenschaftlichen Namen, der an den Fundort Mosbach erinnert. Dies sind beispielsweise das 1903 erstmals beschriebene Mosbach-Pferd *(Equus mosbachenseis)*, 1904 der Mosbacher Bär *(Ursus deningeri)*, 1906 der Mosbacher Löwe *(Panthera fossilis)* und 1925 der Mosbacher Wolf *(Canis mosbachensis)*.
Relikte einer Tierwelt, die an heutige Verhältnisse in Afrika erinnert, kommen aus Schichten ans Tageslicht, die aus einer Warmzeit des Cromer-Komplexes vor ungefähr 600.000 Jahren stammen. Ein ähnliches Alter haben Ablagerungen des Neckar in Mauer bei Heidelberg, in denen am 21. Oktober 1907 der massive Unterkiefer des Heidelberg-Menschen *(Homo heidelbergensis)* zum Vorschein kam.
Im Fundgut der Archäologischen Denkmalpflege Hessen aus den Mosbach-Sanden sind Mosbacher Bären *(Ursus deningeri)* – nach den Beobachtungen des Paläontologen und Geologen Thomas Keller – die am häufigsten vertretenen Raubtiere. Der Artname dieses 1904 nach einem Fund aus Mosbach beschriebenen Bären erinnert an den in Mainz geborenen Geologen Karl Julius Deninger (1878–1917).
Unter den im Naturhistorischen Museum Mainz aufbewahrten Fossilien aus den Mosbach-Sanden überwiegen bei den Raubtieren dagegen die Wölfe. Man kennt etliche Formen:

Mosbacher Löwe (Panthera fossilis)
mit einer Gesamtlänge bis zu 3,60 Metern,
von der 1,20 Meter auf den Schwanz entfallen.
Zeichnung: Shuhei Tamura, Kanagawa (Japan)

den kleinen Mosbacher Wolf *(Canis mosbachensis)*, die dort seltene Großform *Xenocyon lycaeonoides*, die Art *Cuon priscus*, die ein Vorfahre des heutigen Alpenwolfes sein dürfte, sowie eine kleine primitivere Vorform *(Cuon* cf. *priscus)*. Die Abkürzung cf. verwendet man für das lateinische Wort confer (deutsch: vergleichbar).
Zu den größeren Raubtieren zählen außerdem die Streifenhyäne *(Hyaena perrieri)*, die Tüpfelhyäne *(Crocuta crocuta praespelaea)*, der Luchs *(Lynx issiodorensis)*, der riesige Mosbacher Löwe *(Panthera fossilis)*, der Europäische Jaguar *(Panthera gombaszoegensis)*, der Gepard *(Acinonyx pardinensis)* und die löwengroße Säbelzahnkatze *(Homotherium crenatidens)*.
Das Auftreten der Überreste von Tieren aus unterschiedlichen Biotopen in den Mosbach-Sanden kennzeichnet – nach Ansicht des Paläontologen und Geologen Thomas Keller – eine Grabgemeinschaft. Die meisten Hirschartigen, Wildschweine *(Sus scrofa)*, der Waldwisent *(Bison schoetensacki)*, der Europäische Waldelefant *(Palaeoloxodon antiquus)*, das Waldnashorn *(Stephanorhinus kirchbergensis)* und der Mosbacher Bär *(Ursus deningeri)* waren enger an den Lebensraum Laubwald gebunden. Auch die sehr seltenen Affenreste *(Macaca* sp.*)* müssen aus diesem Bereich stammen. Der Lebensraum Wasser wird durch Reste von Fischen und Vögeln repräsentiert sowie durch Alt-Flusspferd *(Hippopotamus antiquus)*, Bisamspitzmaus, Fischotter *(Lutra lutra)* und zahlreiche Biber (*Castor fiber*, *Trogontherium cuvieri*). Andere Tiere sind eher Bewohner einer baumlosen Tundra oder Steppe. Das Steppenmammut *(Mammuthus trogontherii)*, der Steppenwisent *(Bison priscus)*, große Raubkatzen (der Löwe *Panthera fossilis*, die Säbelzahnkatze *(Homotherium crenatidens)*,

der Europäische Jaguar (*Panthera gombaszoegensis*), der Gepard *(Acinonyx pardinensis)* und Wölfe (der kleine Mosbacher Wolf *(Canis mosbachensis)* sind typisch für eine offenere Landschaft.

Zahlreiche Knochen wurden vor ihrer Einbettung fragmentiert und sind jahrelang verwittert. Aasfressende Hyänen haben Tierkadaver verschleppt, zerlegt und längere Zeit auf der Erdoberfläche liegen gelassen., bevor sie durch periodische Hochwasser des Ur-Mains im Flussbett transportiert wurden. Bei nachlassender Strömungsgeschwindigkeit des Flusses sind Knochen abgesetzt worden. Nach Erkenntnissen von Thomas Keller traten in Mosbach 2 zunächst klimatisch anspruchsvolle Tierarten auf, die nicht ohne weiteres in kalten Zonen leben konnten. Dazu gehört das Alt-Flusspferd, dessen Anwesenheit auf ein mildes Klima mit im Winter weitgehend eisfreien Gewässern hindeutet. Andererseits gibt es sehr seltene Funde von Säugetieren, die an deutlich kaltzeitliche Bedingungen angepasst gewesen sind wie das Rentier und der Moschusochse. Dieser Gegensatz ist bisher nicht befriedigend zu erklären. „Nach allen bisherigen Überlegungen kann die Säugetierfauna von Mosbach 2 jedoch als eine überwiegend an mehr warmzeitliche Bedingungen angepasste Lebensgemeinschaft aufgefasst werden“, so Keller.

Literatur

BITTMANN, Felix / BÖRNER, Andreas / DOPPLER, Gerhard / ELLWANGER, Dietrrich / HOSELMANN, Christian / KATSCHMANN, Lutz / SPRAFKE, Tobias / STRAHL, Jacqueline / WANSA, Stefan / WIELANDT-SCHUSTER, Ulrike: & Subkommission Quartär der Deutschen Stratigraphischen Kommission (2018): Das Quartär in der Stratigraphischen Tabelle von Deutschland 2016. In: Zeitschrift der Deutschen Gesellschaft für Geowissenschaften, PrePub-Article: DOI: https://doi.org/10.1127/zdgg/2018/0123; Stuttgart 2018.

BOENIGK, Wolfgang: Zur petrographischen Gliederung der Mosbacher Sande im Dyckerhoff-Steinbruch Wiesbaden/Hessen. In: Mainzer Naturwissenschaftliches Archiv 16: S. 91–126, Mainz 1978

BOETTGER, Oscar: Ostdeutsche Arten im Mosbacher Sande. In: Nachrichtenblatt der Deutschen Malakozoologischen Gesellschaft 17: S. 80–92, Frankfurt am Main 1885.

BOHATÝ, Jan: Das paläontologische Bodendenkmal „Mos-bach-Sande, Steinbruch Ostfeld" (Wiesbaden) und die lithostratigraphische Neugliederung der pleistozänen Mosbach-Sande-Formation sensu Hoselmann. In: Jahrbücher des Nassauischen-Vereins für Naturkunde 139: S. 51–65, Wiesbaden 2018.

BOHATÝ, Jan: Die ehemaligen Dyckerhoff-Steinbrüche Wiesbadens im Mainzer Sedimentbecken – drei paläontologische Bodendenkmäler von überregionaler Relevanz. In: Jahrbücher des Nassauischen Vereins für Naturkunde 139: S. 65–72, Wiesbaden 2018.

BRÜNING, Herbert: Die eiszeitliche Tierwelt im Rhein-Main-Gebiet, Mosbacher Sande. In: Museumsführer Nr. 4, Naturhistorisches Museum Mainz, 1972.

BRÜNING, Herbert: Vom Eiszeitalter im Mainzer Becken. In: Museumführer Nr. 3, Naturhistorisches Museum Mainz, 1973.

BRÜNING, Herbert: Die eiszeitliche Tierwelt von Mosbach. Ihre Umwelt – ihre Zeit. In: Museumsführer Nr. 6, Rheinische Naturforschende Gesellschaft zu Mainz in Ver-

bindung mit dem Naturhistorischen Museum Mainz, 1980.
FABER, Rolf: Moskebach – Biebrich-Mosbach 991–1971. Chronik von Dr. Rolf Faber im Auftrag des Verschönerungs- und Verkehrsvereins Biebrich am Rhein e. V., Wiesbaden-Biebrich 1991.
FISCHER, Nicole / AIGLSTORFER, Manuela / HERKNER, Bernd (Autoren): Wilde Welten der Urzeit,. Herausgegeben vom Naturhistorischen Museum Mainz,. Oppenheim am Rhein 2022.
GELLER-GRIMM, Fritz: Museum Wiesbaden. Naturhistorische Sammlungen: Paläontologie. Die Mosbach-Sammlung, 15. Oktober 2001.
https://www.mwnh.de/samm022.html
HOPPE, Andreas / HOPPE, Dorothea: Aus dem Geologen-Archiv Freiburg. Geowissenschaftler und ihr Judentum im deutschen Sprachraum des 19. und 20. Jahrhunderts. In: Z. Dt. Ges. Geowiss. (German. J. Geol.) 169(1): S. 73--95, Stuttgart 2018.
HOSELMANN, Christian (2007): Haupt-Mosbach-Subformation In: Litho-Lex [Online-database], Hannover: BGR. Last updated 7. 7. 2009 [cited26.10.2022]Record No1000001. Available from: http://www.bgr.bund.de/litholex.
HOSELMANN, Christian (2021): 5.2 Quartär – In: Hessisches Landesamt für Naturschutz, Umwelt und Geologie (Herausgeber): Geologie von Hessen; S. 416–461, Stuttgart 2018.
KAHLKE, Hans-Dietrich: Die Eiszeit, Leipzig 1994.
KELLER, Thomas: Die eiszeitlichen Mosbach-Sande bei Wiesbaden. Paläontologische Denkmäler in Hessen 3, Wiesbaden 1994.

KELLER, Thomas: Die eiszeitlichen Mosbach-Sande bei Wiesbaden: alt- und mittelpleistozäne Ablagerungen des Ur-Maines. (= Paläontologische Denkmäler in Hessen. Band 3). Landesamt für Denkmalpflege Hessen, Wiesbaden 1994.

KELLER, Thomas: Halt 2 – Pleistozäne Ablagerungen der Mosbach-Sande im Dyckerhoff-Steinbruch, Wiesbaden, S. 317–325. In: KELLER, Thomas / RADTKE, Gudrun: Quartäre (Mosbach-Sande) und kalktertiäre Ablagerungen im NE Mainzer Becken (Exkursion I. am 14. April 2007). – Jahresberichte und Mitteilungen des Oberrheinischen Geologischen Vereins, N. F. 89: S. 307–333, Stuttgart 2007.

KOENIGSWALD, Wighart von: Lebendige Eiszeit, Stuttgart 2002.

LEHMANN, Ulrich: Paläontologisches Wörterbuch. Stuttgart 1964.

MEYER, Hermann von: Mittheilung, an Professor Bronn gerichtet (28. März 1842). In: Neues Jahrbuch für Mineralogie, Geognosie, Geologie und Petrefakten-Kunde. S. 579–590, Stuttgart 1843.

NEUFFER: Fr. Otto: Herbert Brüning. In: Mainzer Naturwissenschaftliches Archiv 21: S. 1–3, Mainz 1983.

PROBST, Ernst: Deutschland in der Urzeit. Von der Entstehung des Lebens bis zum Ende der Eiszeit. München 1986.

PROBST, Ernst: Deutschland in der Steinzeit. Jäger, Fischer und Bauern zwischen Nordseeküste und Alpenraum. München 1991.

PROBST, Ernst. Der Ur-Rhein. Rheinhessen vor zehn Millionen Jahren. München 2009.

PROBST, Eiszeitliche Raubkatzen in Deutschland. Mit

Zeichnungen von Shuhei Tamura. München 2011.
REID, Clement: The geology of the country around Cromer. In: Memoirs of the Geological Survey of England and Wales. S. 1–143, London 1882.
RÖMER, August: Verzeichnis der im Diluvialsande von Mosbach vorkommenden Wirbelthiere. In: Jahrbücher des Nassauischen Veriens für Naturkunde 48: S. 185–199, Wiesbaden 1895.
RÖMER, August: Nachtrag zu dem im vorigen Band der Jahrbücher erschienenen Verzeichnisse fossiler Wirbelthiere von Mosbach. In: Jahrbücher des Nassauischen Veriens für Naturkunde 49: S. 232, Wiesbaden 1896.
RUTTE, Erwin: Die Fundstelle altpleistozäner Wirbeltiere von Randersacker bei Würzburg. In: Geologisches Jahrbuch, 73:_ S. 737–754, Hannover 1958.
SANDBERGER, Fridolin: Über die geognostische Zusammensetzung der Umgebung von Wiesbaden (vorgetragen am 31. 8. 1848). In: Jahrbücher des Vereins für Naturkunde im Herzogtum Nassau 6: S. 1–37, Wiesbaden 1850.
SANDBERGER, Fridolin: Die Land- und Süsswasser-Conchylien der Vorwelt. Wiesbaden 1870–1875.
SCHMIDT, Robert Rudolf / KOKEN, Ernst / SCHLIZ, Alfred: Die diluviale Vorzeit Deutschland, Stuttgart 1912.
SELDEN, Paul / NUDDS, John: Fenster zur Evolution. Berühmte Fossilienfundstellen der Welt, München 2007.
WIKIPEDIA (Online-Lexikon): Clement Reid. https://de.wikipedia.org/wiki/Clement_Reid
WIKIPEDIA (Online-Lexikon): Cromer. https://de.wikipedia.org/wiki/Cromer

WIKIPEDIA (Online-Lexikon): Cromer-Komplex. https://de.wikipedia.org/wiki/Cromer-Komplex

WIKIPEDIA (Online-Lexikon): Dyckerhoffbruch. https://de.wikipedia.org/wiki/Dyckerhoffbruch

WIKIPEDIA (Online-Lexikon): Mosbacher Sande. https://de.wikipedia.org/wiki/Mosbacher_Sande

WIKIPEDIA (Online-Lexikon): Frederick Everard Zeuner. https://de.wikipedia.org/wiki/Frederick_Everard_Zeuner

WILDE, Volker / KAISER, Thomas M. / KELLER, Thomas: Erste Funde von Blättern aus dem Bereich der mittelpleistozänen Mosbach-Sande von Wiesbaden-Biebrich (Hessen): In: Geologisches Jahrbuch Hessen 132: S. 131–138, Wiesbaden 2005.

WOLF, Heinrich: Museologe aus Leidenschaft. Prof. Dr. Herbert Brüning zur Vollendung seines 60. Lebensjahres. In: Mainzer Naturwissenschaftliches Archiv 10: S. 213–221, Mainz 1971.

WOLF, Joachim: Wilhelm von Reichenau (*1847–†1925). Leben und Wirken. In: Mainzer Naturwissenschaftliches Archiv 47: S. 129–137, Mainz 2009.

WÜRZ, Markus: 175 Jahre Rheinische Naturforschende Gesellschaft und 100 Jahre Naturhistorisches Museum Mainz. In: Mainzer Naturwissenschaftliches Archiv 47: S. 35–88. Mainz 2009.

ZAGWIJN, Waldo H.: Variations in climate as shown by pollen analysis, especially in the lower Pleistocene of Europe. In: Ice Ages: Ancient and modern. S. 137–152, Liverpool 1975.

Wandbild eines Steppenmammuts
in der alten Ausstellung des Naturhistorischen Museum Mainz.
Foto: Naturhistorisches Museum Mainz /
Landessammlung für Naturkunde Rheinland-Pfalz

Der König der Tiere

Das Steppenmammut *Mammuthus trogontherii*

Mit einer imposanten Schulterhöhe bis zu 5 Metern und einem Gewicht von maximal 10 Tonnen gilt das Steppenmammut *(Mammuthus trogontherii)* als eines der größten bekannten Rüsseltiere. Bullen dieser Art trugen mehr als 5 Meter lange Stoßzähne. Bei männlichen Tieren waren die Stoßzähne länger und dicker als bei weiblichen. Jene Giganten behaupteten sich im Eiszeitalter vor etwa 1,7 Millionen bis vor rund 200.000 Jahren. Funde von Knochen und Zähnen belegen das Vorkommen des Steppenmammuts in den Mosbach-Sanden bei Wiesbaden vor ca. 600.000 Jahren.
Der deutsche Paläontologe und Geologe Hans Pohlig (1855–1937) aus Bonn hat 1885 das Steppenmammut unter dem Namen *Elephas trogontherii* erstmals beschrieben. Diesen Artnamen wählte er, weil zusammen mit dem Steppenmammut oft fossile Reste des großen Bibers *Trogontherium* gefunden wurden. Backenzähne des Steppenmammuts, deren Kaufläche sich von derjenigen des Waldelefanten und des Mammuts unterschied, waren Pohlig zuerst in Schottern von Süßenborn bei Weimar in Thüringen aufgefallen.
Das Steppenmammut ist vermutlich aus dem Südmammut *(Mammuthus meridionalis)*, auch Ur-Mammut genannt, hervorgegangen. Die ältesten Funde des Steppenmammuts stammen aus dem Nihwan-Becken in China und sind 1,66 Millionen Jahre alt. Im westlichen Eurasien trat jenes Mammut nicht vor etwa 750.000 Jahren auf.
Der Paläontologe Wolfgang Soergel (1887–1946) wies 1912 auf den großen Anteil der Fossilien von Steppenmammuten

Deutscher Paläontologe und Geologe
Hans Pohlig (1855–1937) aus Bonn,
Erstbeschreiber des Steppenmammuts von 1885.
Foto: Institut für Geowissenschaften (IFG),
Abteilung Paläontologie, der Universität Bonn

(Mammonteus trogontherii) von 75 Prozent an den Rüsseltier-Funden in den Mosbach-Sanden hin. Die restlichen 25 Prozent stammten von Europäischen Waldelefanten *(Palaeoloxon antiquus)*. 1927 gab der Mainzer Paläontologe Otto Schmidtgen (1879–1938) sogar einen Anteil von ungefähr 90 Prozent vom Steppenmammut und von nur 10 Prozent vom Waldelefanten an. Nach dem Fund eines linken Oberarmknochens (Humerus) von 1922 und eines Beckens von 1923 berechnete er für Bullen von *Mammonteus trogontherii* eine Widerristhöhe von 5 Metern. Die Steppenmammut-Reste in den Mosbach-Sanden stammen – laut den Paläontologen Wighart von Koenigswald und Heinz Tobien – aus den Fundkomplexen Mosbach 1 und Mosbach 2.
Steppenmammute lebten unter merklich strengeren klimatischen Bedingungen als ihre Vorfahren. Sie entwickelten vermutlich als erste Art das typische Fell des Wollhaar-Mammuts. Dank ihrer starken Behaarung waren Steppenmammute an das Leben in einer kalten Region angepasst. Jene Rüsseltiere lebten in Herden zusammen und zogen mit ihnen durch Tundren und Steppen.
Aus dem Steppenmammut entwickelte sich in Nordasien das Wollhaar-Mammut *(Mammuthus primigenius)*. Nach einer kurzen Übergangsphase löste das Wollhaar-Mammut seinen Vorgänger, nämlich das Steppenmammut, ab.
In Kikinda (Serbien) entdeckte man 1996 das vollständigste Skelett eines Steppenmammuts. Dabei handelt es sich um ein weibliches Tier mit einer Schulterhöhe von 3,70 Metern, einem Lebendgewicht von schätzungsweise 7 Tonnen und mit 3,50 Meter langen Stoßzähnen. Männliche Tiere könnten in diesem Gebiet noch größer gewesen sein und noch längere Stoßzähne getragen haben.

Skelett eines Steppenmammuts
im Spengler-Museum in Sangershausen (Sachsen-Anhalt).
Foto: Giorno2 / CC BY-SA 3.0 (via Wikimedia Commons),
lizensiert unter Creative Commons-Lizenz by-sa-3.0,
https://creativecommons.org/licenses/by-sa/3.0/legalcode

2009 stieß man in der Kohlegrube der serbischen Stadt Kostolac auf das nahezu unversehrte Skelett eines männlichen Steppenmammuts. Seine Rekonstruktion ist knapp 4 Meter hoch. Zu Lebzeiten wog dieses Rüsseltier schätzungsweise bis zu 9,7 Tonnen. Seit 2014 ist jener Fund in einem unterirdischen Museum ausgestellt.
Komplette Skelette des Südmammuts sind im Staatlichen Museum von Stawropol in Russland, in Denver im US-Bundesstaat Colorado und im Muséum National d'Histoire Naturelle in Paris zu bewundern. Das Skelett des in Paris ausgestellten Südmammuts von Durfort ist mehr als 4 Meter hoch.
Das einzige montierte Skelett eines Steppenmammuts in Deutschland ist im Spengler-Museum in Sangershausen (Sachsen-Anhalt) ausgestellt. Dieses Museum ist nach dem Tischlermeister und Heimatforscher Gustav Adolf Spengler (1869–1961) benannt, der 1930 in einer Kiesgrube von Edersleben bei Sangershausen ein 475.000 Jahre altes Steppenmammut fand und 2 Jahre lang ausgrub.
Im Naturhistorischen Museum Mainz wird das Halbrelief eines Steppenmammuts präsentiert. An einer Wand dieses Museums zieht das lebensgroße Gemälde eines Steppenmammuts die Blicke auf sich.
Im Museum Wiesbaden stammen 21,6 Prozent von 1090 Funden aus den Mosbach-Sanden von Rüsseltieren, nämlich von Europäischen Waldelefanten und von Steppenmammuten. Unter den aufbewahrten Knochen und Zähnen ist der Unterkiefer eines Steppenmammuts mit der Inventarnummer 476 besonders eindrucksvoll.
Mit einzelnen Entwicklungsstufen der Mammute waren skelettanatomische Veränderungen verbunden. Es ver-

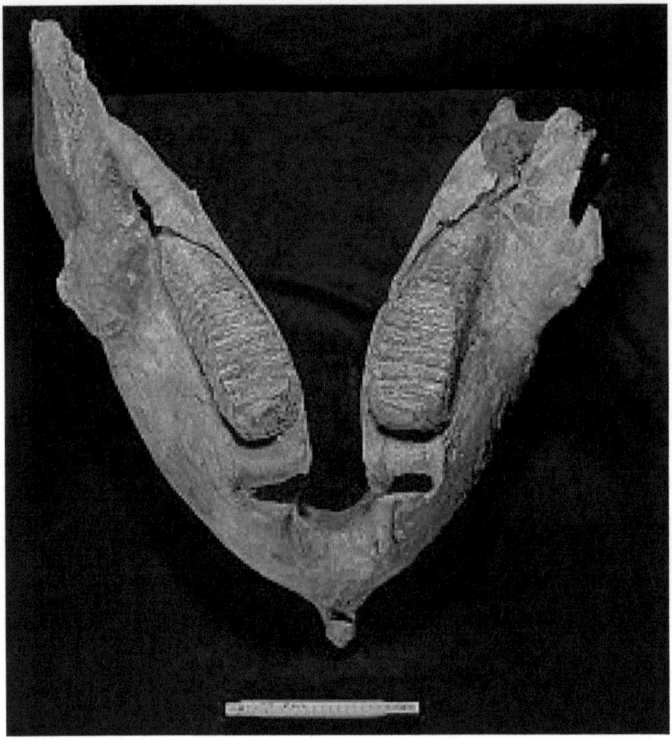

Unterkiefer eines Steppenmammuts (Mammuthus trogontherii) im Museum Wiesbaden. Inventar-Nummer 476. Foto: Museum Wiesbaden

längerte sich das Hinterhaupt, wurde ein hoher Schädel ausgebildet, krümmten sich allmählich die Stoßzähne und änderte sich die Backenzahnstruktur. Bei den Backenzähnen nahmen die Schmelzlamellen deutlich zu. Gleichzeitig verringerte sich die Dicke des Zahnschmelzes. Der Backenzahn des Südmammuts besaß nur 13 bis 18 Schmelzlamellen mit einer durchschnittlichen Dicke von 2,0 bis 3,9 Millimetern. Dagegen hatte der Backenzahn des Steppenmammuts bereits zwischen 17 und 23 Schmelzlamellen mit einer Dicke von 1,0 bis 3,5 Millimetern. Die Zunahme der Schmelzfalten war ein Anzeichen für eine stärkere Anpassung an offene Landschaftsverhältnisse und eine steigende Spezialisierung auf die daraus resultierende Grasnahrung.

In Mosbach bei Wiesbaden (Hessen) und Süßenborn bei Weimar (Thüringen) existierten zwischen etwa 600.000 und 500.000 Jahren noch relativ große Steppenmammute. Ein in Mosbach geborgener Oberarmknochen eines Steppenmammuts ist 1,44 Meter lang. Zum Vergleich: Der Oberarmknochen des „Adams-Mammuts“ in Sibirien misst nur 1 Meter und derjenige des „Beresowka-Mammuts“ in Sibirien 85 Zentimeter Länge.

Der Abbau von Kies und Sand östlich von Süßenborn begann bereits Mitte des 18. Jahrhunderts. Bei diesen Kiesen und Sanden handelt es sich um Ablagerungen des Flusses Ilm, der vor etwa 500.000 Jahren einen anderen Lauf als heute hatte. Der Abbau erfolgte zunächst im Nebenerwerb durch Bauern mit Hacke und Schaufel. In den Kiesen von Süßenborn entdeckte man Knochen, Stoß- und Backenzähne von Steppenmammuten, Nashörnern, Bären und Wildpferden. 1793 ließ Johann Wolfgang von Goethe

(1749–1832) seine Gartenwege mit Süßenborner Sand auffüllen. Am 13 Mai 1831 besuchte der 81-jährige Goethe mit seiner Schwiegertochter Ottilie einen Kiesbruch von Süßenborn, um sich die Fundstelle eines Elefantenbackenzahns und anderer Knochen anzusehen, den er im Dezember 1831 in seine naturwissenschaftliche Sammlung aufnahm. Die um 1880 angelegte große Kiesgrube von Süßenborn mit Kieswerk wurde von 1913 bis 1923 durch eine Drahtseilbahn mit dem Weimarer Bahnhof verbunden. Süßenborner Kiese hat man bis 1995 abgebaut.

Literatur

BRÜNING, Herbert: Ein Halbskelett des Steppenelefanten *Mammonteus trogontherii* im Naturhistorischen Museum Mainz. In: Mainzer Naturwissenschaftliches Archiv 7: Mainz 1968.

COX, Barry / DIXON, Dougal / GARDINER, Brian / SAVAGE R. J. G.: *Mammuthus trogontherii.* In: Die große Enzyklopädie der prähistorischen Tierwelt. Dinosaurier und andere Tiere der Vorzeit. S. 245, München 1989.

KAHLKE, Hans-Dietrich: 29. *Mammonteus trogontherii* (POHLIG): In: Revision der Säugetierfaunen der klassischen Pleistozän-Fundstellen Süßenborn, Mosbach und Taubach. In: Geologie – Zeitschrift für das Gesamtgebiet der Geologie und Mineralogie sowie der angewandten Geophysik 10(4/5): S. 507, 1961.

LISTER, Adrian / BAHN, Paul: Mammuts – Riesen der Vorzeit. Sigmaringen 1997.

POHLIG, Hans: Über eine Hipparionen-Fauna von Maragha in Nord-Persien, über fossile Elephantenreste Kaukasiens und Persiens und über die Resultate einer Monographie der fossilen Elephanten Deutschlands und Italiens. In: Zeitschrift der Deutschen Geologischen Gesellschaft, Berlin 37(4): S. 1022–1027, 1885.

PROBST, Ernst: Vom Südelefanten bis zum Mammut. In: Deutschland in der Urzeit. Von der Entstehung des Lebens bis zum Ende der Eiszeit. S. 316–318, München 1986.

WIKIPEDIA (Online-Lexikon): Hans Pohlig. https://de.wikipedia.org/wiki/Hans_Pohlig

WIKIPEDIA (Online-Lexikon): Steppenmammut. https://de.wikipedia.org/wiki/Steppenmammut

Lebendrekonstruktion des Europäischen Waldelefanten (Palaeoloxodon antiquus),
Bild: DFoidl / CC BY 3.0 (via Wikimedia Commons),

Echter Elefant

Der Europäische Waldelefant *Palaeoloxodon antiquus*

Ein Zeitgenosse verschiedener Mammut-Arten in Europa und Vorderasien war der im Eiszeitalter vor etwa 900.000 bis 33.000 Jahren vorkommende Europäische Waldelefant *(Palaeoloxodon antiquus)*, den man auch Eurasischer Altelefant oder nur Waldelefant nennt. Dieser gehört zu den „Echten Elefanten" (Elephantidae), für welche die Reduktion der unteren Schneidezähne, die Bildung von langen Stoßzähnen aus den oberen Schneidezähnen und eine bestimmte Lamellenstruktur der Backenzähne typisch ist. Der oft verwendete Name Waldelefant ist irreführend, weil dies zu Verwechslungen mit dem heutigen afrikanischen Waldelefanten *(Loxodonta cyclotis)* führen kann.
Fossilien von Europäischen Waldelefanten hat man auch in den Mosbach-Sanden bei Wiesbaden entdeckt. Im Naturhistorischen Museum Mainz bewahrt man zahlreiche Knochen und Zähne von Europäischen Waldelefanten auf. Im Museum Wiesbaden liegen 31 Fossilien von diesem Rüsseltier.
Der Europäische Waldelefant wurde bereits in frühen Zusammenstellungen der Mosbacher Säugetierfunde erwähnt. Nämlich 1895 vom Wiesbadener Konservator August Römer (1825–1899) und 1898 vom Berliner Geologen und Paläontologen Henry Schröder (1859–1927). Römer berichtete über ärgerliche Missgeschicke bei der Entdeckung von Waldelefanten-Resten in Mosbach. In den 1840er Jahren zerfiel ein von einem Engländer gefundener Sandblock, der ein ganzes Becken umschloss, mitsamt Inhalt bei der

Schottischer Paläontologe, Botaniker und Geologe
Hugh Falconer (1808–1865),
einer der Erstbeschreiber des Europäischen Waldelefanten.
Foto: Aufnahme eines unbekannten Fotografen
(via Wikimedia Commons),
Lizenz: gemeinfrei (Public domain)

Bergung. Im letzten Viertel des 19. Jahrhunderts zerschlugen Jugendliche an einem Sonntag einen Kopf mit Stoßzähnen, bevor er geborgen werden konnte.
Laut einer 1987 von den Paläontologen Wighart von Koenigswald (damals Darmstadt) und Heinz Tobien (Mainz) veröffentlichten Artenliste für die Mosbach-Sande ist der Europäische Waldelefant aus dem Fundkomplex Mosbach 2 nachgewiesen.
Den Europäischen Waldelefanten haben 1847 der schottische Paläontologe, Botaniker und Geologe Hugh Falconer (1808–1865) sowie der englische Ingenieur und Paläontologe Sir Proby Cautley (1802–1871) erstmals beschrieben. Sie vergaben dabei den Artnamen *Elephas antiquus*. Grundlage für diese Benennung waren überwiegend Zahnfunde aus Ostengland (Essex, Norfolk), welche die beiden Paläontologen mit von ihnen auf ausgedehnten Reisen nach Südasien (Indien, Nepal) gesammelten Fossilien verglichen. Der japanische Zoologe, Paläontologe und Archäologe Hikoshichiro Matsumoto (1887–1975) aus Tokio führte 1924 anhand asiatischer Elefantenreste den heute noch gültigen Gattungsnamen *Palaeoloxodon* ein.
Männliche Europäische Waldelefanten erreichten eine Schulterhöhe bis zu 4,20 Metern und ein Gewicht zu Lebzeiten von schätzungsweise 6 bis 11 Tonnen. Weibliche Tiere jener Spezies brachten es auf eine Schulterhöhe bis zu 3 Metern und ein Gewicht von 6 Tonnen. In älterer Literatur trägt der Europäische Waldelefant auch die Artnamen *Elephas antiquus* und *Elephas namadicus*.
Die Körperform der Europäischen Waldelefanten ähnelte derjenigen heutiger Asiatischer Elefanten *(Elephas maximus)* mit einer steilen Stirnpartie und 2 Höckern auf dem Kopf,

Englischer Ingenieur und Paläontologe
Sir Proby Cautley (1802–1871),
einer der Erstbeschreiber des Europäischen Waldelefanten.
Foto: Aufnahme eines unbekannten Fotografen
(via Wikimedia Commons),
Lizenz: gemeinfrei (Public domain)

die manchmal einen Querwulst bilden. Vorder- und Hinterbeine waren etwa gleich lang, weswegen die Rückenlinie nicht so stark abfiel wie beim Wollhaar-Mammut *(Mammuthus primigenius)*. Auffällig waren die bis zu 3 Meter langen Stoßzähne, die nur leicht gebogen waren. Der Rüssel soll bis zu 2,80 Meter lang gewesen sein. Der Europäische Waldelefant lebte vor allem in parkähnlichen Landschaften und Laubwäldern und bevorzugte ein milderes Klima als das Steppenmammut *(Mammuthus trogontherii)* und das Wollhaar-Mammut. Wenn sich gegen Ende einer Warmzeit das Klima abkühlte, zog der Europäische Waldelefant jeweils in wärmere Gebiete und wurde in frühen Kaltzeiten durch das Steppenmammut und in späteren Kaltzeiten durch das Wollhaar-Mammut ersetzt.

Das erste Auftreten des Europäischen Waldelefanten in Europa erfolgte im späten frühen Eiszeitalter und im älteren mittleren Eiszeitalter in Südwesteuropa. Zu den ältesten Fundstellen gehören Huescar, Granada (Spanien) und Soleilhac (Frankreich). Ein einzelner Backenzahn aus dieser frühen Besiedlungsphase ist aus Slivia (Italien) bekannt. Spätestens im jüngeren Abschnitt des Cromer-Komplexes erreichte der Europäische Waldelefant auch Mitteleuropa nördlich der Alpen. Wichtige Fundstellen sind Mauer bei Heidelberg (Baden-Württemberg), Mosbach bei Wiesbaden (Hessen) und Pakefield (England). In folgenden Warmzeiten erschien er regelmäßig in dieser Region. Dies zeigen Funde von Swanscombe (England), Maastricht (Niederlande), Bilzingsleben (Thüringen), Schöningen (Niedersachsen), Steinheim an der Murr (Baden-Württemberg) oder Ehringsdorf (Thüringen) aus Warmzeiten des mittleren Eiszeitalters sowie Geiseltal (Sachsen-Anhalt), Lehringen

Jagd auf einen Europäischnne Waldelefanten in der Eem-Warmzeit vor etwa 120.000 Jahren in der Gegend von Lehringen bei Verden an der Aller (Niedersachsen). Zeichnung von Fritz Wendler (1941–1995) für das Buch „Deutschland in der Steinzeit" (1991) von Ernst Probst

Niedersachsen), Gröbern (Sachsen-Anhalt), Burgtonna (Thüringen) und Warschau (Polen) aus der Eem-Warmzeit. Unter den Funden aus dem etwa 400.000 Jahre alten Lager von Frühmenschen in Bilzingsleben (Thüringen) sind auch als Jagdbeute und Speiseabfälle interpretierte Reste des Europäischen Waldelefanten. Es dominieren vor allem Jungtiere mit zahlreichen Schädel- und Gebissresten. Überlieferte Langknochen und andere Skelettteile stammen aber meist von älteren Tieren. Bemerkenswert ist das Schienbeinfragment eines Waldelefanten, auf dem mit einem Feuersteingerät regelmäßige Ritzlinien eingeschnitten wurden, deren Bedeutung aber unbekannt ist.

Im Jägerlager von Schöningen (Niedersachsen) wurde ebenfalls der Europäische Waldelefant nachgewiesen. Die bekannten 8 Schöninger Speere dienten allerdings der Wildpferdjagd. Darüber hinaus wurde hier aber eine Rippe eines Europäischen Waldelefanten gefunden, die Schnittspuren trägt. Eine Elefantenkuh, die am ehemaligen Schöninger See eines natürlichen Todes starb, blieb mit ihrem nahezu vollständigen Skelett erhalten. Ihr Kadaver könnte von Frühmenschen genutzt worden sein, worauf etwa 30 Feuersteinartefakte in unmittelbarer Umgebung hinweisen.

Erste Hinweise aus Spanien, dass Frühmenschen den Europäischen Waldelefanten gejagt haben könnten, sind umstritten. In Torralba und Ambrona wurden vor etwa 400.000 Jahren fossile Reste von mehr als 60 Waldelefanten sowie Wildpferden, Auerochsen und Nashörnern ausgegraben. Da zusammen mit den ungefähr 1000 Steinartefakten mehrere angespitzte Holzstäbe gefunden und als Jagdwaffen gedeutet wurden, interpretierten die Ausgräber

die Fundstelle zunächst als Jagdplatz. Allerdings blieb diese Annahme nicht unwidersprochen, da eine solche „Massenjagd“ auf Elefanten eher als unwahrscheinlich gilt.
1948 entdeckte man in Lehringen bei Verden an der Aller (Niedersachsen) das Skelett eines Europäischen Waldelefanten, zwischen dessen Rippen eine mehr als 2 Meter lange Lanze aus Eibenholz steckte. Damit gelang damals erstmals der Beweis, dass dieses Rüsseltier in der Eem-Warmzeit vor etwa 120.000 Jahren zur Jagdbeute von Urmenschen zählte. Zum Fundgut von dort zählten 25 Feuersteinartefakte, die vermutlich zum Zerteilen der Jagdbeute dienten. Ein ähnlicher Fund eines von Urmenschen manipulierten Kadavers aus der Eem-Warmzeit wurde 1987 im Tagebau Gröbern (Sachsen-Anhalt) ausgegraben. Bei ihm fand man über 20 Feuersteinartefakte, aber keine Jagdwaffe. Ein zweites im selben Jahr gefundenes Waldelefanten-Skelett in Gröbern wies keinerlei Spuren menschlicher Aktivitäten auf.
Bei Burgtonna im Herzogthum Gotha fanden Bauern beim Sandschürfen 1695 Knochen eines Europäischen Waldelefanten, was für Aufsehen sorgte. Deswegen berief Herzog Friedrich II. von Sachsen-Gotha-Altenburg (1676–1732) einen Kongress ein, bei dem er in Anwesenheit seiner Hofärzte den Verdacht äußerte, diese Knochen seien „ein Spiel der Natur“. Seine Hofärzte schlossen sich dieser Meinung an. Nur der herzogliche Bibliothekar Wilhelm Ernst Tentzel (1659–1707) verglich die bei Burgtonna geborgenen Knochen mit dem Skelett des heutigen Elefanten. 1696 veröffentlichte er in seinem Werk „Epistola de sceleto elephantino“ seine Erkenntnis, dass es sich bei dem Fund bei Burgtonna um Reste eines Elefanten handeln müsse, der wahrscheinlich vor der biblischen Sintflut gelebt habe.

Literatur

COX, Barry / DIXON, Dougal / GARDINER, Brian / SAVAGE R. J. G.: *Elephas antiquus*. In: Die große Enzyklopädie der prähistorischen Tierwelt. Dinosaurier und andere Tiere der Vorzeit. S. 244, München 1989.

KAHLKE, Hans-Dietrich: 30. *Palaeoloxodon antiquus* (FALCONER): In: Revision der Säugetierfaunen der klassischen Pleistozän-Fundstellen Süßenborn, Mosbach und Taubach. In: Geologie – Zeitschrift für das Gesamtgebiet der Geologie und Mineralogie sowie der angewandten Geophysik 10(4/5): S. 507, 1961.

PROBST, Ernst: Die Lanze von Lehringen. Der Jahrhundertfund aus der Altsteinzeit. Leipzig 2021.

WIKIPEDIA (Online-Lexikon): Europäischer Waldelefant. https://de.wikipedia.org/wiki/Europ%C3%A4ischer_Waldelefant

WIKIPEDIA (Online-Lexikon): Fundplatz Bilzingsleben. https://de.wikipedia.org/wiki/Fundplatz_Bilzingsleben

WIKIPEDIA (Online-Lexikon): Hugh Falconer. https://de.wikipedia.org/wiki/Hugh_Falconer

WIKIPEDIA (Online-Lexikon): Proby Thomas Cautley. https://de.wikipedia.org/wiki/Proby_Thomas_Cautley

WIKIPEDIA (Online-Lexikon): Schöninger Speere). https://de.wikipedia.org/wiki/Sch%C3%B6ninger_Speere

Autor Ernst Probst.
Foto: Klaus Benz (1935–2024), Fotograf, Mainz-Laubenheim

Der Autor

Ernst Probst, geboren am 20. Januar 1946 in Neunburg vorm Wald im bayerischen Regierungsbezirk Oberpfalz, ist Journalist und Wissenschaftsautor. Er arbeitete von 1968 bis 1971 bei den „Nürnberger Nachrichten", von 1971 bis 1973 in der Zentralredaktion des „Ring Nordbayerischer Tageszeitungen" in Bayreuth und von 1973 bis 2001 bei der „Allgemeinen Zeitung", Mainz. In seiner Freizeit schrieb er Artikel für die „Frankfurter Allgemeine Zeitung", „Süddeutsche Zeitung", „Die Welt", „Frankfurter Rundschau", „Neue Zürcher Zeitung", „Tages-Anzeiger", Zürich, „Salzburger Nachrichten", „Die Zeit", „Rheinischer Merkur", „Deutsches Allgemeines Sonntagsblatt", „bild der wissenschaft", „kosmos", „Deutsche Presse-Agentur" (dpa), „Associated Press" (AP) und den „Deutschen Forschungsdienst" (df). Aus seiner Feder stammen die Bücher „Deutschland in der Urzeit" (1986), „Deutschland in der Steinzeit" (1991), „Rekorde der Urzeit" (1992), „Dinosaurier in Deutschland" (1993 zusammen mit Raymund Windolf) und „Deutschland in der Bronzezeit" (1996). Von 2001 bis 2006 betätigte sich Ernst Probst als Buchverleger sowie zeitweise als internationaler Fossilienhändler und Antiquitätenhändler. Insgesamt veröffentlichte er etwa 450 Bücher, Taschenbücher und Broschüren sowie rund 450 E-Books.

Literatur

Ernst Probst: Ein Journalistenleben. Vom Wunschberuf zum Albtraum. Leipzig 2015.

Bücher von Ernst Probst

(Auswahl)

Als Mainz im Meer lag
Als Mainz noch nicht am Rhein lag
Das Mammut. Mit Zeichnungen von Shuhei Tamura
Der Europäische Jaguar
Der Mosbacher Löwe. Die riesige Raubkatze aus Wiesbaden
Der Rhein-Elefant. Das Schreckenstier von Eppelsheim
Der Ur-Rhein. Rheinhessen vor zehn Millionen Jahren
Deutschland im Eiszeitalter
Deutschland in der Frühbronzezeit
Deutschland in der Mittelbronzezeit
Deutschland in der Spätbronzezeit
Die Aunjetitzer Kultur in Deutschland
Die Straubinger Kultur in Deutschland
Die Singener Gruppe
Die Arbon-Kultur in Deutschland
Die Ries-Gruppe und die Neckar-Gruppe
Die Adlerberg-Kultur
Der Sögel-Wohlde-Kreis
Die nordische Bronzezeit in Deutschland
Die Hügelgräber-Kultur in Deutschland
Die ältere Bronzezeit in Nordrhein-Westfalen
Die Bronzezeit in der Lüneburger Heide
Die Stader Gruppe
Die Oldenburg-emsländische Gruppe
Die Urnenfelder-Kultur in Deutschland
Die ältere Niederrheinische Grabhügel-Kultur
Die Unstrut-Gruppe

Die Helmsdorfer Gruppe
Die Saalemündungs-Gruppe
Die Lausitzer Kultur in Deutschland
Die Dolchzahnkatze Megantereon
Die Dolchzahnkatze Smilodon
Die Säbelzahnkatze Homotherium
Die Säbelzahnkatze Machairodus
Die Schweiz in der Frühbronzezeit
Die Rhône-Kultur in der Westschweiz
Die Arbon-Kultur in der Schweiz
Die Schweiz in der Mittelbronzezeit
Die Schweiz in der Spätbronzezeit
Dinosaurier von A bis K. Von Abelisaurus bis zu Kritosaurus
Dinosaurier von L bis Z. Von Labocania bis zu Zupaysaurus
Der rätselhafte Spinosaurus. Leben und Werk des Forschers Ernst Stromer von Reichenbach
Raubdinosaurier in Bayern. Von Archaeopteryx bis zu Sciurumimus
Flugsaurier in Deutschland. Von Dorygnathus bis zu Targaryendraco
Eiszeitliche Geparde in Deutschland
Eiszeitliche Leoparden in Deutschland
Höhlenlöwen. Raubkatzen im Eiszeitalter
Hermann von Meyer. Der große Naturforscher aus Frankfurt am Main
Johann Jakob Kaup. Der große Naturforscher aus Darmstadt
Krallentiere am Ur-Rhein
Neues vom Ur-Rhein. Interview mit dem Geologen und Paläontologen Dr. Jens Sommer

Österreich in der Frühbronzezeit
Österreich in der Mittelbronzezeit
Österreich in der Spätbronzezeit
Raub-Dinosaurier von A bis Z. Mit Zeichnungen von Dmitry Bogdanav und Nobu Tamura
Rekorde der Urmenschen. Erfindungen, Kunst und Religion
Rekorde der Urzeit. Landschaften, Pflanzen und Tiere
Säbelzahnkatzen. Von Machairodus bis zu Smilodon
Säbelzahntiger am Ur-Rhein. Machairodus und Paramachairodus
Was ist ein Menhir? Interview mit dem Mainzer Archäologen Dr. Detert Zylmann
Wer ist der kleinste Dinosaurier? Interviews mit dem Wissenschaftsautor Ernst Probst
Wer war der Stammvater der Insekten? Interview mit dem Stuttgarter Biologen und Paläontologen Dr. Günther Bechly
6000 Jahre Kastel. Von der Steinzeit bis zum 21. Jahrhundert
5000 Jahre Kostheim. Von der Steinzeit bis zum 21. Jahrhundert
Kastel in der Vorzeit. Von der Jungsteinzeit bis Christi Geburt
Kostheim in der Vorzeit. Von der Jungsteinzeit bis Christi Geburt
Wiesbaden in der Steinzeit. Von Eiszeit-Jägern bis zu frühen Bauern
Wiesbaden vor 600.000 Jahren. Die Fossilien der Mosbach-Sande
Mainz in der Steinzeit. Von Eiszeit-Jägern bis zu frühen Bauern

Anno 1.000.000. Deutschland in der älteren Altsteinzeit
Das Protoacheuléen. Eine Kulturstufe der Altsteinzeit vor etwa 1,2 Millionen bis 600.000 Jahren
Das Altacheuléen. Eine Kulturstufe der Altsteinzeit vor etwa 600.000 bis 350.000 Jahren
Das Jungacheuléen. Eine Kulturstufe der Altsteinzeit vor etwa 350.000 bis 150.000 Jahren
Das Spätacheuléen. Eine Kulturstufe der Altsteinzeit vor etwa 150.000 bis 100.000 Jahren
Die Lanze von Lehringen. Ein Jahrhundertfund aus der Altsteinzeit
Die Neandertaler und ihre Zeit. Das Moustérien vor etwa 125.000 bis 40.000 Jahren
Das Aurignacien. Eine Kulturstufe der Altsteinzeit vor etwa 40.000 bis 31.000 Jahren
Das Gravettien. Eine Kulturstufe der Altsteinzeit vor etwa 35.000 bis 24.000 Jahren
Das Magdalénien. Die Blütezeit der Rentierjäger vor etwa 18.000 bis 14.000 Jahren
Die Hamburger Kultur. Eine Kulturstufe der Altsteinzeit vor etwa 15.700 bis 14.200 Jahren
Die Federmesser-Gruppen. Eine Kulturstufe der Altsteinzeit vor etwa 14.000 bis 12.800 Jahren
Das Steinzeit-Grab von Bonn-Oberkassel. Ein rätselhafter Fund aus der Zeit der Federmesser-Gruppen
Die Ahrensburger Kultur. Eine Kulturstufe der Altsteinzeit vor etwa 12.700 bis 11.650 Jahren
Die Altsteinzeit in Österreich., Jäger und Sammler vor 250.000 bis 10.000 Jahren
Das Jungacheuléen in Österreich
Das Moustérien in Österreich
Neandertaler in den Alpen

vor etwa 4.300 bis 3.500 v. Chr.
Das Rätsel der Großsteingräber. Die nordwestdeutsche Trichterbecher-Kultur vor etwa 4.300 bis 3.000 v. Chr.
Die Baalberger Kultur. Eine Kultur der Jungsteinzeit vor etwa 4.300 bis 3.700 v. Chr.
Pfahlbauten in Süddeutschland. Dörfer der Jungsteinzeit und Bronzezeit an Seen, Mooren und Flüssen
Die Altheimer Kultur / Die Pollinger Gruppe.
Zwei Kulturen der Jungsteinzeit vor etwa 3.900 bis 3.500 v. Chr.
Die Salzmünder Kultur. Eine Kultur der Jungsteinzeit vor etwa 3.700 bis 3.200 v. Chr.
Die Chamer Gruppe. Eine Kulturstufe der Jungsteinzeit vor etwa 3.500 bis 2.800 v. Chr.
Die Wartberg-Kultur. Eine Kultur der Jungsteinzeit vor etwa 3.500 bis 2.800 v. Chr.
Die Walternienburg-Bernburger Kultur. Eine Kultur der Jungsteinzeit vor etwa 3.200 bis 2.800 v. Chr.
Die Kugelamphoren-Kultur. Eine Kultur der Jungsteinzeit vor etwa 3.100 bis 2.700 v. Chr.
Die Schnurkeramischen Kulturen. Kulturen der Jungsteinzeit von etwa 2.800 bis 2.400 v. Chr.
Die Einzelgrab-Kultur. Eine Kultur der Jungsteinzeit vor etwa 2.800 bis 2.300 v. Chr.
Die Schönfelder Kultur. Eine Kultur der Jungsteinzeit vor 2.800 bis 2.200 v. Chr.
Die Glockenbecher-Kultur. Eine Kultur der Jungsteinzeit vor etwa 2.500 bis 2.200 v. Chr.
Die ersten Bauern in Österreich. Die Linienband-keramische Kultur vor etwa 5.500 bis 4.900 v. Chr.
Die Lengyel-Kultur in Österreich. Eine Kultur der Jungsteinzeit vor etwa 4.900 bis 4.400 v. Chr.

Die Mondsee-Gruppe. Eine Kulturstufe der Jungsteinzeit vor etwa 3.700 bis 2.900 v. Chr.
Die Badener Kultur in Österreich. Eine Kultur der Jungsteinzeit vor etwa 3.600 bis 2.900 v. Chr.
Die ersten Pfahlbauten in der Schweiz. Die Anfänge der Pfahlbauforschung und die Egolzwiler Kultur
Die Cortaillod-Kultur. Eine Kultur der Jungsteinzeit vor etwa 4.000 bis 3.500 v. Chr.
Die Pfyner Kultur in der Schweiz. Eine Kultur der Jungsteinzeit vor etwa 4.000 bis 3.500 v. Chr.
Die Horgener Kultur in der Schweiz. Eine Kultur der Jungsteinzeit vor etwa 3.500 bis 2.800 v. Chr.
Die Schnurkeramiker in der Schweiz. Eine Kultur der Jungsteinzeit vor etwa 2.800 bis 2.400 v. Chr.
Meteoriten. Die wichtigsten Funde und Krater
Große Kometen. Schweifsterne in Wort und Bild